BEI GRIN MACHT SICH IHR WISSEN BEZAHLT

Benjamin Kober

Die wasserwirtschaftliche Bedeutung der Mittelgebirgsschwelle im Vergleich der Teilräume Eifel, des westlichen Sauerlandes und des Oberharzes

GRIN Verlag

Bibliografische Information der Deutschen Nationalbibliothek:

Die Deutsche Bibliothek verzeichnet diese Publikation in der Deutschen National-
bibliografie; detaillierte bibliografische Daten sind im Internet über http://dnb.d-
nb.de/ abrufbar.

Impressum:

Copyright © 2006 GRIN Verlag GmbH
Druck und Bindung: Books on Demand GmbH, Norderstedt Germany
ISBN: 978-3-638-84550-2

Dieses Buch bei GRIN:

http://www.grin.com/de/e-book/78812/die-wasserwirtschaftliche-bedeutung-der-
mittelgebirgsschwelle-im-vergleich

GRIN - Your knowledge has value

Der GRIN Verlag publiziert seit 1998 wissenschaftliche Arbeiten von Studenten, Hochschullehrern und anderen Akademikern als eBook und gedrucktes Buch. Die Verlagswebsite www.grin.com ist die ideale Plattform zur Veröffentlichung von Hausarbeiten, Abschlussarbeiten, wissenschaftlichen Aufsätzen, Dissertationen und Fachbüchern.

Besuchen Sie uns im Internet:

http://www.grin.com/

http://www.facebook.com/grincom

http://www.twitter.com/grin_com

Universität Karlsruhe
Institut für Geographie und Geoökologie
Vorbereitungsseminar Mittelgebirgs-Exkursion
Sommersemester 2005

Benjamin Kober

Die wasserwirtschaftliche Bedeutung der Mittelgebirgsschwelle im Vergleich der Teilräume Eifel, des westlichen Sauerlandes und des Oberharzes

Inhalt:

1.Einleitung

In der folgenden Hausarbeit wird die wasserwirtschaftliche Bedeutung der Mittelgebirgsschwelle anhand der drei Teilräume Eifel, Oberharz und Sauerland beleuchtet.

Zuerst wird auf die Eifel eingegangen. Dabei wird zuerst die Niederschlagsmenge untersucht. Anschließend wird auf die Geschichte der Wasserwirtschaft in der Eifel eingegangen, bevor dann die Wasserproblematik und deren Lösung durch Talsperren erläutert werden.

Im drauf folgenden Absatz ist der Oberharz Gegenstand der Betrachtung. Nach einer kurzen Erläuterung der klimatischen Bedeutung des Harzes wird das Oberharzer Wasserregal, als die bedeutendste wasserwirtschaftliche Einrichtung näher betrachtet. Anschließend wird auf die hohe Schadstoffbelastung des Wassers im Harz eingegangen.

Der nächste Absatz beschäftigt sich mit dem Sauerland. Hier werden vor allem die wasserwirtschaftliche Bedeutung der Ruhr und das komplexe Aufgabenfeld der Wasserwirtschaft in diesem Gebiet erläutert.

Im Schluss werden die drei Teilräume kurz miteinander verglichen.

2.Die Eifel

Die Eifel ist ein Gebiet, das sehr reich an Wasser ist. Dies kann mit bloßem Auge anhand der großen Stauseen und den vielen Flüssen und Bächen gesehen werden. Der Reichtum an Wasser entsteht durch die hohen Niederschlagsmengen, vor allem in der Nordeifel. Hier befindet sich ein Staugebiet, in dem aus Südwesten und Nordwesten einströmende Luftmassen, die besonders niederschlagsbringend sind, gestaut werden.

Das Staugebiet befindet sich auf der Westseite der Rur-Wasserscheide, was dazu führt, dass in diesem Gebiet ca. 1300 mm Niederschläge fallen (Durchschnitt für Deutschland: 770 mm), während es im Gebiet des Unterlaufs der Rur nur 600 mm sind (Ebeling 1972).

Diesen Wasserreichtum wussten schon die alten Römer für sich zu nutzen, die das Wasser aus dem Quellgebiet der Urft zur Versorgung ihrer Stadt Colonia Claudia Ara Agrippinensis, dem heutigen Köln, benutzten (Ebeling 1972). Sie waren dazu gezwungen, da das Wasser aus den Quellen des Vorlandes zur Versorgung der Stadt nicht ausreichten. Der Transport des Wassers gelang ihnen mit Hilfe eines Kanals. Er war 95,4 Kilometer lang, hatte ein Gefälle von insgesamt 400 Metern (Kreisel 1997) und beförderte 30 000 Kubikmeter Wasser am Tag. Der Kanal war als Gefälleleitung konzipiert und zum Schutz gegen Frost wurde er mit Erde abgedeckt oder unterirdisch verlegt (Ebeling 1972).

Im 14. Jahrhundert begann die gewerbliche Wassernutzung in der Nordwest Eifel. Hier waren es Tuchmacher, die in Bad Münstereifel die durch die Stadt fließende Erft zum Waschen ihrer Wolle und als Energielieferant für ihre Walkmühlen nutzten. Auch die Eifeler Eisenindustrie, die ihre Blütezeit zwischen dem 14. und 15. Jahrhundert hatte, nutzte die Wasserkraft als Energiequelle für ihre Blaswerke und Hämmer (HB-Bildatlas 2003).

Seit jeher gibt es jedoch ein Problem bei der Wassernutzung in der Eifel, weil die verfügbare Wassermenge stets stark schwankend ist. Grund dafür sind die hohen Niederschläge von bis zu 1200 mm/Jahr, die starken Schwankungen unterliegen. Sie führen zu Überschwemmungen im Frühjahr und Trockenperioden im Sommer. Trotz der hohen Niederschläge ist das Gebiet um den Oberlauf der Rur ein Wassermangelgebiet, was durch die Unregelmäßigkeit des Abflusses zu erklären ist. Im Winterhalbjahr werden bereits mindestens 76,8 % des Jahresabflusses erreicht. Der Abfluss ist der Teil der Niederschläge, der weder versickert noch verdunstet. Der mittlere monatliche Abfluss der Rur beträgt ca. 12 m³/sec.. Die Höhe der Abflüsse lässt darauf schließen, dass die Landschaft hier nur eine sehr geringe Speicherfähigkeit besitzt (Ebeling 1972). Neben der Landwirtschaft waren es vor allem die Industriebetriebe, die von den zeitweiligen Brauchwasserengpässen negativ beeinflusst wurden. Hiervon waren vor allem die Papier-, Zucker-, Textil-, Metall- und Chemie-Industrie betroffen (Kreisel 1992). In den Trockenperioden konnte es sogar zur Stilllegung ganzer Betriebe kommen. Dass dieses Problem schon lange existiert sieht man daran, dass sogar das Eisengewerbe in seiner Blütezeit im 15./16. Jahrhundert nur saisonal betrieben werden konnte.

Neben der Problematik der unregelmäßigen Wasserverfügbarkeit stieg im Laufe der Zeit außerdem der Wasserbedarf in der Eifel. Gründe dafür waren die schnelle industrielle Entwicklung, die Steigerung der Bevölkerungszahl und das Nachlassen der Ergiebigkeit der Haus- und Gemeindebrunnen. (Ebeling 1972) Ein dritter Aspekt, der die Wasserproblematik noch verstärkte war, dass die nördlich an die Eifel angrenzenden Großräume Aachen, Jülich, Düren, Euskirchen und Heinsberg zusätzlich auch noch der Versorgung mit Trink- und Brauchwasser bedurften (Kreisel 1997).

Um das hohe Maß an verfügbarem Wasser mit dem Mangel an Wasser im Sommer auszugleichen, erkannte man am Anfang des 20. Jahrhunderts, dass es notwendig war das Wasser künstlich zu speichern. Zu diesem Zweck begann man damit Talsperren zu bauen (Ebeling 1972). Gunstfaktoren für den

Bau von Talsperren waren die hohe Reliefenergie, die geringe Industrie- und Bevölkerungsdichte sowie der hohe Waldanteil. Beim Bau der Staumauern wurden zudem natürliche Engpässe im Talverlauf ausgenutzt (Kreisel 1997).

Die erste Talsperre die gebaut wurde, war die Urfttalsperre, die mit einem Speichervolumen von 45,5 Millionen Kubikmetern damals die größte in Europa war (Kreisel 1997). Ihre Bauzeit erstreckte sich von 1900 bis 1905. Sie wurde zur Wasserregulierung errichtet, das heißt zum Hochwasserschutz und zur Niedrigwasseranreicherung. Außerdem wurde das an den Unterlauf abgegebene Wasser zur Energiegewinnung genutzt (Ebeling 1972).

Die zweite Talsperre, die errichtet wurde, war die Dreilägerbachtalsperre (Bau von 1909 bis 1911), die dazu dienen sollte erstmals das große Wasservorkommen in der Eifel für die Trinkwasserversorgung zu nutzen. Ihre Kapazität beträgt ca. 4,3 Millionen Kubikmeter.

In den Jahren 1934-1938 wurde dann die größte Talsperre, die Rurtalsperre Schwammenauel errichtet. So wurde ein Stauraum von 101 Millionen Kubikmeter geschaffen, der von 1955 bis 1959 nochmals auf 202,6 Millionen Kubikmeter erweitert wurde. Sie diente dem Hochwasserschutz, dem Wasserausgleich und der Energieerzeugung (Ebeling 1972). Sie ist die größte Talsperre der Bundesrepublik Deutschland. Rechnet man ihr den Ober- und den Urftsee zu, so hat sie sogar eine Kapazität von 250 Millionen Kubikmetern. Die Rurtalsperre Schwammenauel sichert außerdem das Trinkwasser von rund einer Million Menschen und erzeugt in ihren 2 Kraftwerken rund 46 Millionen Kilowattstunden Strom pro Jahr (HB-Bildatlas 2003).

Insgesamt umfassen die Talsperren der Nordeifel heute ein Speichervolumen von 305 Millionen Kubikmetern. Das macht auf relativ kleinem Raum mehr als ein Drittel des gesamten Talsperrenvolumens in Nordrhein-Westfalen aus.

Die Versorgung der nördlich an die Eifel angrenzenden Räume wird durch ein Verbundsystem von natürlichem Abfluss, Stollen und Druckrohrleitungen gewährleistet.

Der Hauptträger der Talsperren in der Nordeifel ist der Talsperrenverband Eifel-Rur (TVER), der 1969 gegründet wurde. Seine Mitglieder setzen sich aus den betroffenen Städten und Kreisen, sowie den entsprechenden Wasser- und

Energieversorgungsunternehmen zusammen. Aufgaben des TVER sind die Instandhaltung und der Bau von Stauanlagen, der Hochwasserschutz, die Wasserkraftnutzung und die Trink- und Brauchwasserversorgung. Seit 1993 ist der Verband für ein größeres Gebiet verantwortlich und wurde deshalb in Wasserverband Eifel-Rur (WVER) umbenannt (Kreisel 1997).

Betreiber der drei reinen Trinkwassertalsperren Dreilagerbach-, Kall- und Perlenbachtalsperre, sind die zuständigen Wasserwerke. Zur Reinigung des Wassers wurden eigens zwei Trinkwasseraufbereitungsanlagen errichtet.

Heute haben die Stauseen der Talsperren in der Nordeifel noch eine dritte Funktion dazu gewonnen. Sie dienen als Naherholungsgebiet und Touristenmagnet (Kreisel 1997). Man kann Bootsfahrten auf den Stauseen unternehmen, segeln surfen und schwimmen. Einige Talsperren wurden sogar eigens für die Freizeitfunktionen errichtet. Das sind die Talsperren Weilerbach/Freilingersee und Steinbach. Lediglich in den Stauseen, die ausschließlich zur Trinkwassergewinnung dienen, sind Freizeitaktivitäten untersagt (Kreisel 1997).

3. Oberharz

Der Harz ist das niederschlagsreichste Gebirge im nord- und mitteldeutschen Raum. So erfüllt er eine besondere Funktion für die Wassergewinnung. Er weißt auch einen ungewöhnlichen Niederschlagsgradienten auf. Am Rand des Harzes fallen 600 bis 800 mm Niederschläge im Jahr, auf der Brockenkuppe 1600 mm.

Da der Harz die Eigenschaft einer klimatischen Barriere hat, besitzt er eine hohe atmosphärische Depositionsrate, die dazu führt, dass vermehrt Schwermetalle, Stickoxide und weitere Schadstoffe abgelagert werden. Das wirkt sich negativ auf die Wasserqualität aus (Knolle 1997).

Betrachtet man die Wasserwirtschaft im Oberharz, so kann man es nicht vermeiden das Oberharzer Wasserregal zu erwähnen. Der Name kommt daher, dass man mit der Verleihung des Rechts Bergbau zu betreiben auch gleichzeitig das Königsrecht oder auch „Regal" verliehen bekam, das Wasser in dem betroffenen Gebiet so lange zu nutzen wie tatsächlich Bergbau betrieben wurde (www.harzwasserwerke.de).

Für die Bergleute im Harz war das große Wasservorkommen anfangs mehr Fluch als Segen. Es verursachte ihnen große Schwierigkeiten, weil es als Kluftwasser in die Stollen und Schächte einsickerte und damit den Erzabbau erheblich erschwerte. Die Lösungsvariante das Wasser von „Wasserknechten", die auf langen Leitern standen und sich das Wasser in Ledereimern weitergaben, per Hand zu heben, erwies sich als sehr uneffektiv und aufwendig. Bei der Suche nach der Lösung des Problems kam man auf den Gedanken, das Wasser zu nutzen um Wasser zu heben. Man baute Maschinen, so genannte „Künste", um das eingesickerte Wasser zu fördern. Sie wurden mit Hilfe von Wasserrädern angetrieben. Diese intensive Nutzung der Wasserkraft führte dazu, dass der Bergbau im Harz florierte.

Die großen Erzvorkommen und die ausgeklügelte Nutzung der Wasserkraft waren Voraussetzung dafür, dass im Harz eines der ältesten und größten Industriebetriebe in Mitteleuropa entstand (Knolle 1997).

Das Oberharzer Wasserregal besteht aus Teichen, Gräben und Wasserläufen. Um die Versorgung der Wasserräder zu gewährleisten wurden Stauteiche angelegt. So stellte man sicher, dass auch in trockenen Zeiten, mit geringem natürlichem Abfluss, genügend Wasser zum Antrieb der Wasserräder bereitgestellt werden konnte. Der Transport des Wassers vom Teich zum Wasserrad erfolgte durch eigens dafür angelegte Gräben. Es wurden zusätzlich auch Sammelgräben angelegt um den natürlichen Zufluss eines Teiches zu vergrößern. Die Gräben wurden in etwa parallel zu den Höhenlinien des Geländes angelegt und vielfach um die Teiche herumgeführt. Ziel dieser Grabenführung war es, das Wasser in den höheren Regionen zu halten. Grund dafür war, dass Wasser, welches ein hoch gelegenes Wasserrad angetrieben hat, auf seinem Weg in Richtung Tal so noch ein weiteres oder sogar mehrere Wasserräder antreiben konnte. Um die Wasserläufe zu verkürzen und Wasserscheiden zu unterführen hat man auch Teile der Gräben unterirdisch angelegt.

Das Oberharzer Wasserregal umfasste im Jahr 1870 120 Teiche, 500 Kilometer Gräben und 20 Kilometer Wasserläufe. Heute werden von den Harzwasserwerken noch 65 Teiche, 70 Kilometer Gräben und die ganzen 20 Kilometer Wasserläufe instand und in Betrieb gehalten (www.harzwasserwerke.de).

Da das Oberharzer Wasserregal einerseits einen Eingriff in den Wasserhaushalt der Fließgewässer und Moore darstellt, andererseits aber auch ein Baudenkmal von internationaler Bedeutung ist, wird heute ein Kompromiss angestrebt, der die Moorrenaturierung nicht gefährdet und das Denkmal nicht zerstört. Geplant ist die Renaturierung der im Moor angelegten Gräben und der Fließgewässer, wobei jedoch die Hauptgräben des Oberharzer Wasserregals erhalten bleiben sollen.

Einige der Teiche des Oberharzer Wasserregals werden heute als Energielieferanten genutzt. So zum Beispiel der Oderteich, einer der ältesten Teiche im Oberharz (Bau 1714-1721). Er versorgt über den Rehberger Graben ein Wasserkraftwerk bei St. Andreasberg (Knolle 1997). Dort wird das Wasser in zwei Schachtgefällen der stillgelegten „Grube Samson" genutzt. In 130 Metern Tiefe befindet sich das Kraft werk „Grüner Hirsch" und sogar noch 60 Meter tiefer, bei 190 Metern, das Kraftwerk „Silberstollen". Im Jahr werden so circa 3,5 Millionen Kilowattstunden Strom erzeugt (Knolle 1997).

Große Teile des Wassers im Oberharz sind durch Schadstoffe belastet und deshalb nur bedingt oder gar nicht als Trinkwasser geeignet. Neben dem oben schon erwähnten aeolischen Schadstoffeintrag spielt die Auswaschung von Schwermetallen aus den alten Metallerz-Bergbaugebieten eine große Rolle. Waren die Bergbaugruben so tief, dass eine Hebung mit Hilfe der „Künsten" nicht mehr möglich oder nicht mehr rentabel war, so wurden aus den Bergwerken heraus, zu den Bergrändern hin, künstliche Vorfluter geschaffen. Sie konnten zum Teil beachtliche Ausmaße annehmen.

Ein Beispiel ist der „Ernst-August-Stollen". Er wurde in den Jahren 1851 bis 1864 gebaut und ist der tiefste Wasserlösungsstollen für Oberharzer Metallerzgruben. Er hat zusammen mit seinen Anschlussstollen eine Länge von 26 Kilometern und ist somit noch heute eine der längsten Tunnelbauten der Welt. Das Wasser, das am Mundloch des Stollens austritt ist besonders stark mit Schwermetallen belastet, da es das gesammelte Wasser des gesamten Oberharzer Metallerz- Bergbaureviers ist. Darunter hat vor allem der Bach Markau zu leiden, der dem Stollen als Vorfluter dient. Der Bach weist zeitweise eine Bleikonzentration von 100g/Liter auf. Das ist auch der Grund dafür, dass er so artenarm ist, dass er vom „staatlichen Amt für Wasser und Abfall Göttingen" als „verödet" auf einer Karte eingezeichnet wurde (Knolle 1997).

4. Sauerland

Untersucht man die Wasserwirtschaft im Sauerland, so wird schnell klar, dass hier die Ruhr die größte Rolle spielt. Sie ist der Strom, der wasserwirtschaftlich am stärksten beansprucht wird. Ihr Wasser wird benötigt, um Dampfkessel, Kohlenwäschen, Kühlwasserträger und Chemikalienmischer zu versorgen. Hinzu kommen noch circa vier Millionen Menschen, die mit Trinkwasser versorgt werden müssen. Der immens hohe Wasserverbrauch des Ruhrgebietes wird deutlich, wenn man sich vor Augen führt, dass es ein Drittel der drei Milliarden in Westdeutschland verbrauchten Kubikmetern an Trinkwasser benötigt (Prager 1954).

Ähnlich wie im Harz gibt es auch im Sauerland das Problem der starken Niederschlagsschwankungen. Sie erstrecken sich über einen Bereich von 640 mm bis 1389 mm. Das ergibt einen Durchschnitt von 1056 mm, was deutlich über dem deutschen Durchschnitt (770 mm) liegt, und das hohe Wasserangebot der Region erklärt. Im Jahr fließen circa 2,4 Milliarden m^3 Wasser aus der Ruhr in den Rhein. Die Schwankungen des Wasserangebotes der Ruhr erstreckten sich von 4 – 5 m^3/s in Trockenzeiten bis zu 2000 m^3/s während der Zeiten des Winterhochwassers (www.ruhrverband.de). Um diesen hohen Schwankungen entgegenzuwirken und eine einigermaßen gleichmäßige Wasserführung zu gewährleisten, wurden auch im Sauerland Talsperren angelegt. Hierfür wurden einige der Nebenflüsse der Ruhr gestaut. Ihr Zweck ist es im Winter den Wasserüberschuss zu speichern und im Sommer, wenn der natürliche Abfluss geringer ist, wieder abzugeben, um einen bestimmten Grundwasserstrom zu gewährleisten (Prager 1954).

Ein Problem, das bei der Wasserwirtschaft an der Ruhr entsteht, ist die Tatsache, dass der Fluss große Mengen Wasser an den Untergrund verliert, wenn er über verkarstungsfähiges Gestein fließt. So sollen circa 10 % des Abflusses der Ruhr verloren gehen. Damit ist die Wirtschaftlichkeit einiger Talsperren stark eingeschränkt (Kohlhaas 1972).

Mit Hilfe der Talsperren wird der Wasserknappheit vorgebeugt und die Wasserqualität verbessert. Außerdem schützt dieses System vor Hochwasser, da in den Stauseen beachtliche Wassermengen gespeichert werden können und somit in regenreichen Zeiten extreme Hochwasserspitzen vermieden werden. Für den Fall einer extremen Trockenheit gibt es im Bereich der unteren Ruhr eine Kette von Rückpumpwerken, die das Gebiet mit Wasser aus dem Rhein versorgen können. Für die Gewinnung von Trinkwasser spielen die Stauseen meist nur indirekt eine Rolle. Der Großteil des Rohwassers wird direkt der Ruhr entnommen und nur ein kleiner Teil stammt direkt aus den Stauseen. Insgesamt werden der Ruhr jährlich 600 Millionen m^3 Wasser entzogen, um Industrie und Haushalte zu versorgen, von denen rund die Hälfte (300 Millionen m^3) dem Gebiet ganz verloren geht, da sie in weiter entfernte Gebiete exportiert wird. Die Talsperren im Sauerland haben heute eine Speicherkapazität von circa 474 Millionen m^3. Dieser Stauraum reicht aus, um den hohen Wasserbedarf zu decken und den gesetzlich festgelegten Mindestabfluss zu gewährleisten. Dies gelingt allerdings nur, wenn auch alle älteren Talsperren mitgenutzt werden (www.ruhrverband.de).

Einige der Stauseen wurden auch angelegt, um die Kläranlagen zu entlasten. Sie dienten als Flusskläranlagen. Ihre Aufgabe ist es, das Wasser der Ruhr so sauber zu halten, wie es die Vorgaben für die Aufgaben von Trinkwasser verlangten. Durch die Stauung des Wassers wurde die Fließgeschwindigkeit verringert und somit die Fließzeit verlängert. So war es möglich, dass sich ein größerer Teil der absetzbaren Stoffe ablagerte. Durch die Vergrößerung der Oberfläche wurde die Sauerstoffanreicherung durch Windbewegung und die Wirkung der Sonneneinstrahlung verstärkt, was dazu führte, dass der biologische Abbau verbessert wurde. Noch heute kann auf die reinigende Funktion der Stauseen nicht verzichtet werden.

Das Abflusswasser verschiedener Stauseen wird auch zum Antrieb von Wasserkraftanlagen genutzt. Insgesamt werden durchschnittlich 88,5 Millionen Kilowattstunden Strom im Jahr erzeugt.

Träger der Talsperren ist der Ruhrverband. 1899 wurde der Ruhrtalsperren-verein (RTV) gegründet. Dieser baute und betrieb die Talsperren im Einzugsgebiet der Ruhr. Im Jahr 1990 wurde der Ruhrtalsperrenverein mit dem Ruhrverband vereinigt, der für die Wassergüterwirtschaft zuständig war. Der Zusammenschluss nennt sich seit 1. Juli 1990 Ruhrverband und ist für die Wassermengen- und Wassergüterwirtschaft verantwortlich.

Der Talsperrenbau begann um 1900. Die ersten Staumauern wurden aus Steinmaterial gebaut, das in der Nähe des Baugebietes gefördert wurde. Dieses wurde dann mit Mörtel vermauert. Heute kann man die schlanken, bogenförmigen Mauern noch sehen. Einige von ihnen stehen unter Denkmalschutz. Ihre Dichtigkeit wird ständig überwacht und durch Instandsetzungsarbeiten gewährleistet. Nach dem 1. Weltkrieg begann man Dämme zu errichten. Sie hatten einen Kern aus Asphalt oder Beton, der durch Bitumen abgedichtet wurde. Die Mauern und Dämme wurden an natürlichen Engstellen der Täler errichtet.

Trotz der intensiven Nutzung ist die Ruhr eine der saubersten Flüsse im Vergleich zu anderen Industrieregionen. Zeichen dafür ist, dass anspruchsvolle Fische, wie Forelle und Äsche, in der Ruhr leben (www.ruhrverband.de).

Mit achtzig Zentnern pro Kilometer ist die Ruhr sogar einer der fischreichsten Flüsse Deutschlands (Prager 1954).

Das liegt daran, dass schon 1912 ein erster Reinhalteentwurf für die untere Ruhr erstellt wurde. Anlass dafür war die äußerst schlechte Wasserqualität im extrem trockenen und heißen Sommer 1911, als der Unterlauf nur noch ein schwarzbrauner Abwasserbach war. Die Wasserwerke konnten nur auf verschmutztes Wasser zur Speisung ihrer Brunnen zurückgreifen. Durch das unreine Trinkwasser kam es in Mülheim zu einer Typhusepidemie, von der rund 1500 Menschen betroffen waren.

Heute fließt das Abwasser von 2,2 Millionen Menschen und zusätzlich noch von gewerblichen Betrieben in die Ruhr. Um diese großen Mengen an Schmutzwasser zu reinigen, braucht man eine große Anzahl an Kläranlagen. Die Planung der Kläranlagen wird vom Ruhrverband geleitet.

Die Größenordnung des Wasserreinigungssystems wird deutlich, wenn man sich vor Augen führt, dass allein im Jahr 2004 100,4 Millionen Euro im Bereich Gewässergüterwirtschaft investiert wurden.

Die Kläranlagen haben trotz ihrer hohen Anzahl große Probleme mit der hohen Niederschlagsmenge, vor allem bei Starkregen. Das Schmutzwasser überfordert die Reinigungsleistung der Kläranlagen. Hauptproblem ist die starke Verschmutzung des Abflusswassers bei Regenbeginn. Früher wurde dieses Problem behoben, indem man die Spitzenabflüsse in die Flüsse ableitete. So stieg jedoch deren Verschmutzung. Um das zu vermeiden, wurden Regenüberlaufbecken und Kanalstauräume in den Kanalnetzen der Stadt gebaut, in denen die Abflüsse gespeichert und dann nach und nach an die Kläranlagen abgegeben werden können. Es gibt heute 518 solcher Anlagen im Ruhrgebiet.

Neben der wasserwirtschaftlichen Bedeutung spielen die vielen Stauseen im Sauerland, genau wie in der Eifel und im Harz, auch eine wichtige Rolle als Naherholungsgebiet. Angeln, Segeln, Surfen, Rudern und Kanu fahren sind die beliebtesten Wasseraktivitäten. Auch die Uferbereiche der Seen werden genutzt, z.B. zum Radfahren, Wandern, Joggen und Rollschuh laufen.

5. Schluss

Bei der Betrachtung der drei Mittelgebirgsregionen Eifel, Harz und Sauerland kann man feststellen, dass es zwischen ihnen einige Gemeinsamkeiten gibt. Die Gemeinsamkeit, die für die Wasserwirtschaft am bedeutendsten ist, ist die Funktion als Niederschlagsstaugebiet, die dazu führt, dass der durchschnittliche Niederschlag hier oft deutlich höher liegt als im übrigen Deutschland. So ist auch das hohe Wasserangebot zu erklären. Auch die starken Schwankungen der Niederschläge über das Jahr verteilt, sind ein Kennzeichen aller drei Gebiete.

Die Art und Weise wie man dieses Problem gelöst hat, war auch in diesen Gebieten ähnlich. In allen wurden Stauseen angelegt. Die Bedeutung der Stauseen variiert jedoch zum Teil von Gebiet zu Gebiet. In der Eifel wurden sie hauptsächlich angelegt, um den Wasserfluss zu regulieren und so das ganze Jahr über einen relativ gleichmäßigen Abfluss zu erhalten.

Eine weitere Funktion war die Gewinnung von Trinkwasser und Energie. Diese spielte im Harz anfangs eher eine untergeordnete Rolle. Die Stauseen, die hier Teiche genannt werden, waren Teil des Oberharzer Wasserregals, einem System, das angelegt wurde, um mit Hilfe von Wasserkraft den Bergbau zu erleichtern. Erst in späterer Zeit nutzte man die Anlagen des Wasserregals, um Energie zu erzeugen. Zur Trinkwassergewinnung sind viele der Gewässer im Oberharz nicht geeignet, da sie eine relativ hohe Schadstoffkonzentration aufweisen.

Das Wasser im Sauerland dagegen hat trotz seiner intensiven Nutzung eine erstaunlich gute Wasserqualität, was daran liegt, dass es schon seit 1899 einen Verband gibt, der sich unter anderem auch um die Wassergüter kümmert.

Das Trinkwasser im Sauerland wird allerdings vorwiegend aus der Ruhr gewonnen. Die Stauseen spielen hier nur eine untergeordnete Rolle. Ihre Funktion ist hauptsächlich, die Wasserregulierung, so, dass stets genügend Wasser in der Ruhr fließt, um die Industrie im Ruhrgebiet zu versorgen. Außerdem werden die Stauseen zur Energiegewinnung genutzt und ihnen kommt die Funktion einer natürlichen Klärstufe zu.

Abschließend kann man sagen, dass das Wasser und die Wasserwirtschaft in den Mittelgebirgen schon immer eine große Rolle spielten und dass diese drei Gebiete Beispiele dafür sind, wie der Mensch Gebiete mit ähnlichen Grundvoraussetzungen so gestaltet, dass sie für seine Zwecke die bestmögliche Funktion erfüllen.

Literaturverzeichnis

1. Ebeling, M.: Die Wasserversorgung des Aachener Raumes auf der Basis von Talsperren. In: Böhnke, B. (Hrsg.): Eutrophierung und Talsperren. DVGW – Fachveranstaltung vom 28.4. – 30.4.1971 in Rurberg/Eifel. Aachen, 1972.

2. Eisenschmid, Rainer / Borowski, Birgit: HB Bildatlas. Eifel, Aachen. HB Verlag Ostfildern, 2003.

3. Knolle, Friedhart: Vom Hochharz zum Kyffhäuser auf den Spuren des Harzwassers. In: Knolle F., Oesterreich B., Schulz R., Wrede V.: Der Harz. Geologische Exkursionen. Justus Perthes Verlag Gotha, 1997.

4. Kohlhaase, Walter: Geologie, Hydrogeologie und Wasserhaushalt des Massenkalkes im nördlichen Sauerland und Bergischen Land (Remscheid-Altenaer Sattel, Herzkamper Mulde, Velberter Sattel, Rheinisches Schiefergebirge). Aachen, 1972.

5. Kreisel, Bettina: Wasser und Eisen in der Nordeifel – von Römern und Talsperren, Reidtmeistern und Hochöfen. In: Sammlung Geographischer Führer, Band 16: Erdmann, Claudia / Pfeffer, Karl-Heinz (Hrsg.): Eifel. Berlin, Stuttgart, 1997.

6. Prager, Hans Georg: Bei den Riesenzisternen. In: Merian, Heft 9 : Sauerland. Hoffmann und Campe Verlag Hamburg, 1954.

Onlinequellen:

7. Homepage der Harzwasserwerke: www.harzwasserwerke.de
8. Homepage des Ruhrverbandes: www.ruhrverband.de